AF582412

NATURE

ET

DESTINATION DES ASTRES

PAR A. P.,

Lauréat de l'Institut, Rédacteur au Journal *la Vérité*.

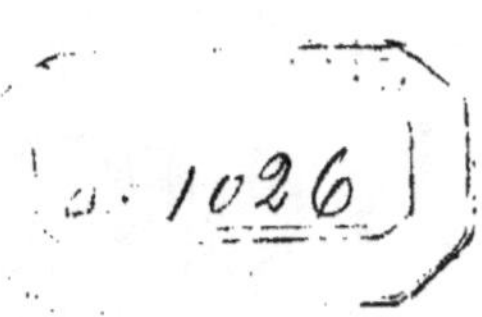

PARIS
DIDIER, LIBRAIRE
Quai des Augustins, 35
ET LES PRINCIPAUX LIBRAIRES

LYON
BUREAUX DE *LA VÉRITÉ*
Rue de la Charité, 48
ET CHEZ TOUS LES LIBRAIRES

1864

PRÉFACE

Nous avons cédé au vœu de plusieurs personnes qui, ayant lu avec grande estime notre travail inséré dans dix-sept articles de *la Vérité*, nous ont sollicité de le faire tirer à part.

Cette étude est faite à la fois au point de vue scientifique et au point de vue spirite, tellement que l'un vient confirmer l'autre.

Toutefois, comme nous ne demandons pas à être cru sur parole, dans ce que nous affirmons sur la vie planétaire de notre tourbillon, nous engageons tous nos lecteurs à se procurer le remarquable ouvrage : *Pluralité des Mondes*, par Camille Flammarion, qui vient d'être édité chez M. Didier, libraire académique, quai des Augustins, 35, Paris. Ils y trouveront au point de vue de l'astronomie seule, élevée à la hauteur d'une science vivante et philosophique, le complément indispensable de cette esquisse abrégée. Ils verront que les savants eux-mêmes confirment hautement les théories du Spiritisme sur la multiplicité des mondes habités.

Un mot seulement d'explications en réponse aux seules critiques que notre travail s'est attirées : on a dit que nous avions été trop absolus, en condamnant les données géologiques sur les sauriens gigantesques qui avaient précédé sur la terre l'époque de la venue de l'homme. Nous avons nié qu'ils aient pu se nourrir ici-bas avec les conditions de la pesanteur terrestre! Oui, et nous le nions encore; mais entendons-nous bien: pour faire cette négation, nous sommes parti du point actuel, et nous ne pouvions pas faire autre chose; autrement nous reconnaissons, et nous en faisons ici une déclaration solennelle, qui ne coûte pas à notre amour-propre que nous faisons passer bien au-dessous de la vérité, nous reconnaissons parfaitement que l'épuration progressive de l'atmosphère (conforme aux lois générales de Dieu sur un globe quelconque) peut avoir été telle depuis ces époques reculées, que nous n'ayons aucune idée scientifique de la lourdeur des fluides grossiers qui l'encombraient. Il est donc vraisemblable et possible que les Plésiosaures, les Ptérodactyles, les Mégalothériums et autres sauriens, aient pu, grâce à la résistance du milieu ambiant, se mouvoir sans gêne sur notre sol.

Avec cette explication, d'où il ressort que ces fossiles auraient pu à la rigueur vivre sur notre planète et être liés à son histoire, nous donnons notre travail tel quel. Ce que nous disons d'une provenance extra-terrestre et de l'utilisation de germes cosmiques pour la formation de la terre, devra n'être pris alors que comme une hypothèse.

Lyon, le 4 juillet 1864.

A. P.

NATURE

ET

DESTINATION DES ASTRES

L'astronomie a pour objet la description des astres, l'étude de leurs mouvements, de leurs lois, et, autant que possible, de leur constitution physique.

La science de la constitution des astres est même la partie principale des recherches astronomiques, puisqu'elle seule peut amener à la connaissance de leur destination ; toutefois, il est facile de comprendre combien les distances qui nous séparent des astres les plus rapprochés, et à plus forte raison de ceux qui ne sont pas compris dans notre système, ont dû apporter d'obstacles à notre légitime curiosité. L'invention du télescope a fait faire d'immenses progrès à le science astronomique, et les perfectionnements de l'avenir ne peuvent être prévus ; le progrès étant la loi de l'humanité, partout et toujours, il est certain que le champ de nos découvertes en ce genre sera de plus en plus agrandi : voyons pourtant, dans l'état de nos connaissances, s'il n'est pas possible d'arriver à résoudre la question de la destination des astres et du but de leur création. Deux hypothèses se présentent: Ils ont été faits pour la terre, — c'est celle de Moïse; — ils ont éte faits pour d'autres séries d'êtres qui les habitent.

LES ASTRES ONT-ILS ÉTÉ FAITS POUR LA TERRE?

Ouvrons la Genèse :

« Et Dieu (les forces, — les puissances, — les vertus de l'être) dit : qu'il y ait des corps lumineux dans l'étendue des cieux pour séparer le jour d'avec la nuit, et qu'ils servent de signes aux temps, aux jours et aux années, qu'ils servent pour luminaires dans l'étendue des cieux et brillent au-dessus de la terre. Il en fut ainsi, et Dieu (les forces) façonna (avec perfection), — parfit (1) une substance de l'astre le plus grand pour présider au jour, et la substance de l'astre moindre pour présider à la nuit, et la substance des étoiles (lumières faibles, — presque éteintes, — vacillantes), et Dieu disposa ces substances dans l'étendue des cieux pour briller au-dessus de la terre, pour présider au jour et à la nuit, et pour séparer la lumière d'avec les ténèbres. Et Dieu (les forces) vit que c'était bien. »

D'après le texte de Moïse, il semblerait que la destination des astres est toute pour la terre. Séparer le jour de la nuit, servir de signes aux temps, aux jours et aux années, briller au-dessus de la terre : voilà leurs fonctions.

La science moderne repousse ces vues étroites et mesquines.

La distance des étoiles à la terre est tellement considérable, qu'on n'a pu encore la préciser par chiffres certains, même pour les étoiles de première grandeur ; toutefois, on s'est assuré mathématiquement que sur le pied de 77,000 lieues par seconde, il n'y a aucune étoile de première grandeur dont la lumière nous parvienne en moins de trois ans ; aucune de seconde grandeur dont la lumière nous parvienne en moins de six ans ; de quatrième grandeur, en moins de douze ans ; de sixième grandeur, en moins de trente-six ans ; pour les dernières étoiles visibles avec le télescope de dix

(1) La création première de la substance du ciel et de la terre est exprimée dans le premier verset : « Dans le principe, Dieu (les forces) créa la substance des cieux et la substance de la terre. »

pieds, en moins de 1,042 ans; pour les dernières étoiles visibles avec le télescope de vingt pieds, en moins de 2,700 ans. (*Notice d'Arago sur les travaux d'Herschell*, pages 359 et 360.) Une des trois étoiles dont on a pu déterminer la parallaxe, la soixante et unième du Cygne, n'a présenté que 66 centièmes de seconde, de telle sorte que sa distance à la terre dépasse 412,000 fois 39,000,000 de lieues ; la lumière ne peut franchir cette distance en moins de six ans. Par la même méthode, ont été déterminées les distances de *A* du *Centaure* et de *Véga*, l'étoile la plus brillante de la lyre. L'étoile de Véga est 700,000 fois plus éloignée de nous que le soleil. L'*A* du Centaure est à 200,000 fois cette distance. La lumière de ces étoiles ne parvient à la terre qu'en onze ans pour la première, en trois ans pour la seconde.

Quelque effrayantes que soient à la pensée de pareilles distances, elles ne sont rien, si on les compare à celles qui nous séparent des nébuleuses les plus éloignées. Les astronomes admettent que les nébuleuses les plus éloignées ne peuvent être vues de la terre en moins d'un demi-million d'années. Ainsi, les changements qu'éprouveront les nébuleuses de cet ordre, auront, quand nous les apercevrons, plus d'un demi-million d'années d'antiquité ; une pareille nébuleuse disparaîtrait, s'éteindrait aujourd'hui, qu'elle se verrait encore de la terre pendant plus d'un demi-million d'années (Arago, lieu cité, page 287). Ce n'est pas tout. Nous ne voyons à l'œil nu qu'un nombre très-borné d'étoiles. Mais plus le grossissement de nos instruments d'optique augmente, plus ce nombre s'accroît. Herschell remarque que dans la partie la plus fournie de la voie lactée, il y a des champs de vue renfermés dans quelques minutes qui contiennent jusqu'à 588 étoiles ; que dans un quart d'heure il en a vu passer 116,000 dans son télescope, qui n'avait que 15 degrés d'ouverture ; qu'une autre fois, en quarante-une minutes, il en a vu passer 258,000. Chaque perfectionnement qu'il a apporté à ses télescopes, lui a fait découvrir plus d'étoiles. Quel sujet plus propre à nous faire concevoir l'immensité de l'espace, surtout si l'on songe que ces milliers d'étoiles, qui se superposent à nos yeux, conservent entre elles les distances qui existent entre le soleil et Sirius? (Arago, *Leçons d'astronomie*, 4, des étoiles fixes.) Un observateur placé dans une étoile de vingtième grandeur verrait, selon la position du ciel, le Soleil et Sirius presque confondus et paraissant se toucher, ainsi que cela nous semble de la terre pour des étoiles que plusieurs millions de lieues séparent. La voie lactée dont la dimension effraye déjà la faiblesse de notre esprit, est composée de plus de cinquante millions d'étoiles; ce n'est là encore qu'un groupe stellaire dont le soleil n'est que la cinquante millionième partie, et la terre, à son tour, n'est que la millionième partie du Soleil, infime et obscur satellite de cet astre infime lui-même par rapport à l'immensité de l'univers. Et la voie lactée elle-même n'est probablement pas le seul groupe d'étoiles, le nombre en est indéfini. Certaines nébuleuses, qui sont à peine réductibles par nos télescopes, peuvent, si elles sont situées à plusieurs quintillions de lieues des dernières étoiles les plus éloignées de la voie lactée, égaler celle-ci en étendue et en éclat (1). Supposons-nous transportés par la pensée au centre de cette nouvelle zone stellaire, notre voie lactée, avec les mêmes moyens de grossissement, ne paraîtrait que comme une tache légère, et de cette position nous découvririons d'autres mondes, d'autres cieux; transportés de cette nouvelle voie lactée au groupe stellaire le plus voisin, mais séparé encore par des quintillions de lieues, la même conclusion peut être tirée, et cela sans bornes, sans fin concevable, quoiqu'il y ait cependant un terme à ce développement indéfini, puisqu'il n'y a d'infini que Dieu. Quand on réfléchit sérieusement aux résultats incontestables de la science moderne, il est impossible d'admettre que les astres aient été créés pour l'homme. Quoi! pour nous qui sommes moins, par rapport à l'univers, que les mites d'un fromage, ou les vers d'un cadavre par rapport à la terre, les planètes qui embellissent notre système, ces soleils dont la lumière met des années, des siècles à nous parvenir; pour nous, ces étoiles que l'œil ne peut atteindre et qui ne se révèlent qu'aux télescopes des savants; pour nous, ces comètes errantes dont l'apparition est si courte et le retour si long; ces astres qui jaillissent tout-à-coup pour s'éteindre ensuite à nos yeux; ces systèmes dont les satellites sont autant de soleils; ces nébuleuses à peine réductibles, dont une distance effroyable nous sépare; pour nous, un amas de matière diffuse dont la condensation forme chaque jour de nouveaux mondes! En vérité, pour le croire, il faudrait l'ignorance la plus profonde, unie au plus fol orgueil.

Cette conclusion de la science ne doit infirmer en rien la foi due au texte de la Genèse: « Moïse, dit Charles Bonnet, n'était pas

---

(1) C'est l'opinion formelle de Laplace. (*Exposition du système du monde.*)

appelé à dicter au genre humain des cahiers d'astronomie... L'historien sacré ne décrivait point la création des cieux; il traçait seulement les diverses périodes d'une révolution renfermée dans les bornes étroites de notre petite planète. » (*Palingénésie philosophique*, tome 1er, partie VI, pages 240 et 241.) C'est aussi l'explication de M. Marcel de Serres. « Les versets de la Genèse ne mentionnent les phénomènes astronomiques que sous le rapport de leur importance relativement à la terre et à l'homme, et non en raison de leur importance réelle dans le système général de l'univers. » (*De la Cosmogonie de Moïse*, tome 1er, page 100.)

LES ASTRES SONT-ILS HABITÉS?

Pour démontrer la seconde hypothèse, exposons d'abord les phénomènes astronomiques; cherchons à pénétrer l'ordre et l'enchainement de l'univers.

D'abord, à 13 millions de lieues du Soleil, Mercure continuellement baigné dans l'atmosphère lumineuse de cet astre qui lui envoie sept fois plus de chaleur qu'à notre zone torride.

Vénus, à 25 millions de lieues, comprise aussi dans la nébulosité du Soleil, révélée à la terre par la lumière zodiacale qui éclaire, à certaines époques, une petite partie de nos nuits, et brille constamment dans Mercure et dans Vénus.

Pour ces astres, point de satellites; à quoi bon une lumière pâle et réfléchie quand on est si près du foyer étincelant?

A 34 millions de lieues, notre Terre; ici, plus grand éloignement, nécessité d'un satellite.

A 50 millions de lieues, Mars; point de satellite. Il devrait en avoir; n'y a-t-il rien dans la constitution physique de Mars qui lui soit particulier et explique l'absence d'un satellite? La couleur rougeâtre de Mars n'appartient qu'à cette planète, et indique une atmosphère d'une densité et d'une hauteur tellement considérables, que, suivant Cassini, chaque étoile fixe change de couleur, s'obscurcit et disparait souvent avant l'occultation, à quelque distance du corps de la planète. Cette disposition spéciale peut remplacer avantageusement le manque de satellites. (*Astronomie d'Arago, 6me leçon.*)

A 179 millions de lieues, Jupiter. Ses nuits sont fort courtes et éclairées par quatre lunes brillantes, dont une au moins luit toujours.

A 330 millions de lieues, Saturne avec sept lunes et son double anneau, couronne lumineuse toujours au-dessus de l'horizon.

A 662 millions de lieues, Herschell suivi de ses six satellites, et dans le cours de son immense orbite placée aux confins du système, jouissant à la fois de la splendeur de deux Soleils.

Enfin Neptune, nouvellement découvert et chez qui on a aussi observé plusieurs satellites.

Toutes ces planètes exécutent leur révolution autour du Soleil, globe immense, 1,300,000 fois plus gros que la terre.

Le Soleil, corps opaque, enveloppé d'une double atmosphère, l'une nuageuse et compacte à la surface de l'astre; l'autre lumineuse qui, en ébranlant l'éther, devient pour notre système la source de toute chaleur et de toute lumière (1).

Au-delà et à d'insondables distances, les étoiles, points lumineux par eux-mêmes, brillant d'une lumière propre. Tous les astronomes ont dit : Ce sont autant de Soleils, on l'a prouvé. Vollostan a démontré que la lumière de Sirius est égale à celle qu'aurait le Soleil, s'il était 140,000 fois plus éloigné de nous, mais la parallaxe de Sirius ne surpasse pas une demi-seconde ; il en résulte qu'il est plus de 400,000 fois plus distant de la terre que le soleil. Donc, la lumière du Sirius est au moins bien huit fois plus grande que celle du Soleil. En raisonnant de même sur les trois autres étoiles dont la parallaxe est connue, savoir : *a*, du Centaure, Véga, 61e du Cygne, on trouve que le Soleil est dix fois moins éclatant que Véga, égal à *a* du Centaure, vingt-cinq fois plus brillant que le.

(1) Cette explication de la constitution physique du Soleil, donnée par Herschell, est la seule qui rende compte des taches et de leur pénombre. Si elle est réelle, elle ferait concevoir comment, malgré les probabilités vulgaires, le Soleil peut être habité, la chaleur et la lumière provenant d'une atmosphère extérieure et non point de matières incandescentes qui y seraient en fusion. D'ailleurs, la seconde atmosphère pourrait être d'une composition telle qu'elle annihilerait les effets funestes de la première, et se concilierait avec l'organisation des habitants.

deux étoiles du Cygne. Le Soleil est donc une étoile de moyen éclat; s'il compte des inférieurs, il compte aussi des supérieurs (1). Si l'hypothèse d'Herschell sur la constitution physique du Soleil(2), est vraie, elle s'étendrait par analogie à la nature même des étoiles, et on concevrait que tant de globes immenses pussent recevoir des habitants. Allons plus loin. Tout se lie, tout s'enchaîne dans l'univers ; ses lois sont générales, et le raisonnement par induction et analogie est mathématiquement rigoureux; autrement il faudrait dire qu'un aveugle hasard dirige tout. Si les étoiles sont des Soleils, et l'on ne peut en douter, elles doivent avoir aussi leurs systèmes de planètes qui se meuvent autour d'elles, et dont la lumière réfléchie ne peut, à cause de la distance, être perceptible à nos yeux. L'observation confirme d'ailleurs les conclusions fournies par une évidente analogie : nous voulons parler de la découverte des étoiles binaires au nombre de 2,573. Ces groupes sont composés d'une étoile principale et d'une plus petite secondaire, accomplissant autour de la première sa révolution centrale. Cette seconde étoile affecte souvent la teinte bleuâtre, signe d'un feu moins incandescent et, pour quelques-uns peut-être, d'une lumière réfléchie. Cette teinte bleue ne se rencontre qu'une seule fois sur 160, appartenant à l'étoile principale. On connaît 64 étoiles triples, 3 quadruples, une sextuple (l'étoile médiane de l'épée d'Orion), c'est-à-dire qu'autour d'une étoile principale, servant de centre, tournent trois, quatre ou six satellites qui sont autant d'étoiles.

Les astronomes ont observé un nombre considérable de comètes (plusieurs centaines)(3), et il est probable que beaucoup ne sont pas cataloguées, soit que décrivant des orbites extrêmement allongées, elles n'aient pas encore toutes paru dans le voisinage de la terre, soit que leurs apparitions remontent à des époques où les traditions astronomiques n'existaient pas, soit aussi qu'elles ne reparaissent plus. Ces astres errants, dont la constitution apparente

---

(1) La lumière des étoiles donne les mêmes résultats de décomposition que la lumière du soleil. Outre les couleurs du spectre solaire, on y reconnaît les raies alternativement noires et lumineuses, signalées par Fraumhofer, ce qui a donné lieu à l'immense découverte de Bunsen et Kirkoff.

(2) Il est certain qu'elle est la plus juste et la plus avancée dans l'état actuel de la science. Elle seule notamment rend compte de la pénombre qui se remarque au bord des taches.

(3) Herschell. *Astronomie*, chap. X, n° 471.

semble varier à chaque retour, et quelquefois même d'un jour à l'autre, sont-ils destinés à alimenter, à la longue, l'atmosphère lumineuse des soleils ? Sont-ils des soleils embryonnaires au premier état de leur formation ? Servent-ils de liens nécessaires entre les systèmes voisins ! Nous ne savons, mais certainement ils ont une fin, un but dans la création. Enfin, Herschell et d'autres grands astronomes prétendent que l'univers n'est pas achevé ; que nous assistons chaque jour à la formation de mondes nouveaux. Certaines nébuleuses irréductibles en étoiles, paraissent composées seulement d'un amas de matière diffuse dont l'aspect varie de siècle en siècle, et où il est facile de remarquer la tendance de cette matière à se réunir en un noyau solide qui, chez quelques-unes, s'observe déjà. Cette opinion confirmée par les observations, a le mérite d'ailleurs de s'accorder avec la loi générale qui a présidé à la formation de tous les mondes, et qui se révèle à chaque pas dans les études géologiques. C'est aussi par l'existence de la matière nébuleuse dans les espaces de l'éther que s'explique la formation de ces astéroïdes qui, à certaines époques périodiques, brillent en étoiles filantes, ou le jour obscurcissent, d'une manière sensible, le disque du soleil, et plus rarement viennent se briser contre la terre dont la sphère d'attraction les domine, avec un grand bruit et un grand éclat. La matière cosmique répandue dans l'espace et provenant de la condensation de l'éther peut encore, dans l'avenir, en s'agrégeant, en se rassemblant, donner naissance à de nouveaux astres sous la main de Dieu.

Voilà les phénomènes astronomiques dans leur plus court résumé. Comment les expliquer ? Comment trouver le fait général qui les coordonne ? Pourquoi les planètes de notre système ? Pourquoi ce nombre inimaginable de soleils avec des planètes pour satellites et quelquefois même d'autres soleils ? Pourquoi ces astres chevelus, ces nébuleuses qui se condensent, cette semence de mondes dont pullule l'éther ?

Une seule explication est possible, c'est d'étendre aux corps célestes le fait vrai pour la terre de sa destination à recevoir des êtres organisés et vivants, et une espèce douée d'intelligence et de raison.

Pourrait-il en être autrement ? Comprendrait-on sans cela cette admirable harmonie de notre système, où le nombre des satellites s'accroît à proportion de l'éloignement des planètes du foyer commun ; cette constitution atmosphérique et nuageuse, ces montagnes, ces vallées, ces mers, cette apparence si complètement semblable à celle que présenterait la terre vue à des distances équivalentes? Quoi! Dieu aurait jeté au milieu de l'immense espace, des milliards de soleils dans lesquels un million de terres comme la nôtre pourraient se mouvoir à leur aise, il aurait fait à ces soleils des satellites; il aurait partout semé la matière nébuleuse qui forme les mondes, et tout cela, planètes, soleils, comètes, étoiles, satellites, il l'aurait fait pour peupler la vaste et indéfinie solitude d'un désert où on ne trouverait nulle part pour embellir et animer ces mornes et muets séjours, l'organisation et la vie, une intelligence pour comprendre et admirer, une volonté pour faire le bien, un cœur pour prier et adorer. Cet incompréhensible Créateur se serait plu, par une bizarre fantaisie, à produire sur un grain de sable de son univers des séries d'êtres enchaînés l'un à l'autre dans une harmonie parfaite et dans une organisation progressive, à y placer une espèce douée d'intelligence et de raison, à ne pas laisser un brin d'herbe, une goutte d'eau de la terre, sans y répandre la vie et les peupler d'habitants, et sa puissance infinie se serait arrêtée là; notre planète serait sans subséquent comme sans antécédant, isolée au milieu de l'univers auquel nul lien ne la rattacherait. Mais alors à quoi bon cette profusion de mondes? Le soleil et la lune suffisaient. Une seconde lune destinée à éclairer la terre, quand elle est privée de l'autre, aurait rendu plus de services aux hommes que ces globes éloignés dont la raison d'être ne se concevrait pas. La création serait absurde et on arriverait logiquement à nier l'intelligence divine. Conclure ainsi, c'est avoir prouvé.

Nous avons fait ce qu'on appelle une démonstration par l'absurde qui s'emploie fréquemment dans les sciences mathématiques, sans que personne songe à en contester la valeur. Un raisonnement par induction peut n'être pas certain, et pourtant on y croit. Ainsi, quand je dis, le soir: Demain, le jour reviendra, je ne le sais pas par expérience, puisque je ne suis pas à demain. Je l'induis de ce qui s'est toujours passé depuis que l'homme est sur la terre; toutefois, il pourrait arriver que le soleil s'éteignît, que notre système solaire, désormais inutile dans les desseins de Dieu, fût détruit, sans imaginer que l'ordre général fût lui-même anéanti: tandis qu'il est impossible de concevoir la solitude des astres sans que, par là, disparaisse toute idée d'harmonie, d'intelligence, de puissance, de grandeur dans la création. Il est donc plus assuré que les astres sont habités qu'il n'est assuré qu'il fera jour demain. La question de la destination des astres me semble résolue ainsi, non d'une manière probable, mais d'une manière invinciblement certaine.

Nous n'avons pour notre part aucun doute; nous ne sommes retenu par aucune hésitation. Nous croyons que ceux qui ont traité avant nous cette question, et qui ont conclu à une grande probabilité, ont été trop timides et se sont mal à propos arrêtés en-deçà d'une affirmation légitimement permise à l'esprit humain.

DE LA TRADITION RELIGIEUSE.

Si dans l'examen de cette question nous avons voulu marcher avec le raisonnement seul et sans nous prévaloir de la tradition religieuse, ce n'est ni défiance ni mépris de cette tradition; mais comme beaucoup d'esprits pourraient ne pas professer pour elle le même respect, nous avons dû chercher ailleurs nos preuves et notre argumentation; du moins, il nous sera permis de faire voir que cette tradition confirme la solution que nous avons émise.

Les chrétiens, conformes en cela avec la presque unanimité des autres religions, admettent trois catégories diverses de lieux destinés à la vie ultérieure des hommes : 1° le purgatoire, où l'âme se purifie et expie les fautes de la terre; ces fautes pouvant être très-différentes, il en résulte nettement que les lieux des purifications doivent varier selon la plus ou moins grande culpabilité de chacun, qu'ainsi le dogme du purgatoire implique l'existence de mondes divers où les souffrances et les épreuves seront plus ou moins pénibles, selon que la constitution de ces mondes sera plus ou moins en harmonie avec les êtres qui seront condamnés à y habiter temporairement; 2° l'enfer, séjour prétendu éternel de douleurs et de larmes; ici encore diversité de crimes, diversité de châtiments, et nécessité d'admettre une série indéfinie de lieux particuliers; 3° le paradis; ici encore tous les théologiens sont d'accord qu'il y a une hiérarchie dans les bienheureux, une proportion dans l'échelle ascendante des élus conforme à la valeur de leurs mérites.

Cela ne résulte-t-il pas de la parole même du Christ, lorsque dans cet admirable discours qu'il fit à ses disciples avant d'être livré aux juifs, il leur dit : « Il y a plusieurs demeures dans la maison de mon père. Si cela n'était, je vous l'aurais dit; je m'en vais pour vous préparer le lieu. » (Evangile selon saint Jean, chap. XIV.) Origène commente ce passage : « Le Seigneur, dans l'évangile, a fait allusion aux stations différentes que les âmes doivent occuper après qu'elles ont été dépouillées de leur corps actuel, et qu'elles en ont revêtu de nouveaux lorsqu'il a dit : « Il y a beau» coup de demeures dans la maison de mon père. » Ce sont les stations nombreuses qui mènent au père, et dans ces habitations diverses quel secours, quel appui, quel enseignement, quelle lumière l'âme recevra-t-elle? C'est ce que connaît seul le Seigneur, quand il a dit de lui-même : « Je suis la voie, la vérité, et nul n'arrivera » au père que par moi. » C'est le Seigneur qui, dans chacune de ces stations, est la porte par laquelle l'âme passe; c'est par lui que l'on entre, que l'on sort, que l'on est nourri, que l'on est transporté à une autre demeure, et de là encore à une autre, jusqu'à ce que l'on arrive enfin au père lui-même. » (Homélie 27e.)

Tous les théologiens qui ont discuté la question de la vie future ont pris texte du discours de Jésus-Christ rapporté par saint Jean l'évangéliste, pour établir la diversité des récompenses et l'ordre de la hiérarchie céleste. Il y a un autre passage de l'évangile de saint Jean, qui n'a pas été remarqué et dont, ce me semble, le sens n'a pas été compris dans toute sa profondeur; un sénateur juif, un pharisien, Nicodème, demande à Jésus des explications sur le dogme de la vie future; Jésus répond : « En vérité, en vérité, je vous le dis, personne ne peut voir le royaume de Dieu, s'il ne naît de nouveau. » Nicodème est bouleversé de cette réponse, parce qu'il la prend dans son sens grossier. « Comment, dit-il, peut renaître un homme qui est déjà vieux? Peut-il rentrer dans le sein de sa mère pour renaître une seconde fois? » Jésus reprend : « En vérité, en vérité, je vous le dis, si un homme ne renaît pas de l'eau et du Saint-Esprit, il ne peut entrer dans le royaume de Dieu; ne vous étonnez pas de ce que je vous ai dit, qu'il faut que vous naissiez de nouveau; l'Esprit souffle où il veut, et vous entendez sa voix; mais vous ne savez d'où il vient, ni où il va. »

C'est une prévision de ce qui devait arriver aux apôtres, une vue lointaine du spiritisme actuel, et une admirable exposition de la manière dont la grâce de Dieu agit en nous. Cependant ces choses paraissent nouvelles à un pharisien, à un docteur de la loi; il s'étonne moins, mais il s'étonne encore : « Comment cela peut-il se faire? » Jésus lui dit : « Quoi, vous êtes maître en Israël, et vous ignorez cela; mais si vous ne me croyez pas lorsque je vous parle des choses de la terre, comment me croiriez-vous si je vous parlais des choses du ciel? » C'est-à-dire je vous parle aujourd'hui de ce qui se passe ici-bas; non, vous ne serez pas perpétuellement attaché à la terre, l'homme ne tourne pas dans un cercle perpétuel; si donc vous ne me croyez pas, vous me croiriez bien moins si je vous parlais des choses du ciel. — De quelles choses du ciel? Logiquement et selon l'ordre des pensées, des choses du ciel en ce qui touche la renaissance dans les divers mondes; Jésus ne va pas plus loin. Son auditeur n'est pas préparé, puisqu'il n'a pas même compris de suite la parole du maître. Jésus ne s'explique pas sur la question, seulement il la fait pressentir et la pose en quelque sorte.

Ceci nous confirme dans l'opinion émise par saint Augustin : « *Christus sicut magister alia docuit, alia non docuit.* » — Le Christ, comme un bon maître, a enseigné certaines choses, il a gardé le silence sur d'autres. — La parole de Dieu a dû prendre les limites du fini, et devenir successive.

« Le Christ n'a pas tout dit à ses disciples, parce qu'ils ne pouvaient porter le poids de certaines vérités. » (Evangile de saint Jean, chap. XVI, V. 12.) Il leur a promis à eux et à ceux qui croiraient en son nom, l'inspiration du Saint-Esprit, successive comme la parole de Jésus, car l'absolu ne peut s'établir sur la terre; elle a éclairé ses disciples et leurs successeurs, et continue à répandre sa lumière dans l'humanité, qui la recueille et fait chaque jour un nouveau pas vers la vérité suprême.

Il est certain d'ailleurs que le dogme du purgatoire, de l'enfer, du paradis, tous trois placés hors de la terre, implique la pluralité des mondes. Ce dogme, grossier et enfantin, a été expliqué de nos jours par le spiritisme.

Jusqu'à présent nous n'avons pas excipé des révélations qui nous sont faites aujourd'hui par les Esprits. Nous n'avons raisonné que d'après l'astronomie et son interprétation rationnelle. Mais, après avoir prouvé invinciblement la vérité de la pluralité des mondes par les sciences et la tradition, il nous sera bien permis de dire un mot sur la doctrine actuelle du spiritisme à cet égard.

Avant de parler des enseignements donnés à ce sujet par les

Esprits, citons un des plus remarquables précurseurs du spiritisme. Voici ce que dit Jean Reynaud dans son immortel ouvrage, *Terre et Ciel :*

« Si nous ne touchons pas de nos mains les mondes qui nous avoisinent, nous les touchons du moins de nos regards; nous les connaissons, comme le navigateur connaît, sans avoir besoin d'y descendre, les régions entre lesquelles il passe; il n'en distingue ni les habitants, ni les cultures; mais il les imagine d'après les conditions géographiques qu'il observe. Ainsi faisons-nous à l'égard des planètes; nous mesurons leurs continents, leurs mers, leurs montagnes; nous connaissons leurs climats, leurs atmosphères, leurs saisons; elles sont pour nous ce qu'eût été l'Amérique, s'il nous eût été donné de l'apercevoir de loin, avant d'entrer en alliance avec elle. Bref, nous ne pouvons définir ces autres mondes qu'en nous les figurant comme les terres d'un archipel flottant, dans lequel se trouve compris l'îlot où nous sommes fixés; ainsi, la croyance à une seule terre et au seul règne hominal terrestre est désormais détruite. »

Le journal *la Vérité* a dit, de par les Esprits, la pluralité des mondes destinés aux réincarnations progressives des âmes et quelques-uns au repos et à la station de celles errantes. (Voir en outre *le Livre des Esprits* publié par Allan Kardec.)

On a voulu aller plus loin ; quelques communications sont venues décrire des globes inconnus, *Lopussus, Ethéopis, Pétulvéda,* etc., etc.; elles ont affirmé que Vénus, Saturne et Jupiter sont des mondes heureux, la flore en a même été peinte par divers médiums, ainsi que l'animalité; les demeures des hommes ont été représentées.

Nous disons : tout cela est plus ou moins conjectural !

Mais ne nous attachons ici qu'au principe certain et incontestable, à savoir que *tous les mondes créés par Dieu ont un but, une fin, et qu'ils sont destinés à l'habitation et à la vie*; on peut être trompé sur les détails, tandis qu'on ne saurait l'être en cette affirmation.

En parcourant les diverses hypothèses émises sur la destination des astres, nous nous sommes prononcé pour celle de leur habitation par des humanités supérieures, inférieures ou du même ordre. Quoique nous l'ayons combattue, il y a un sens profondément vrai dans la solution de Moïse. Oui, tous ces astres, toute cette splendeur des cieux, cette magnificence de la création, tout

cela est fait pour l'homme, il n'y a rien qu'il ne puisse atteindre. Ne cherchons pas à devancer l'heure de nos destinés, nul ne peut franchir violemment un degré de l'initiation. Ne méprisons pas notre séjour en songeant à l'immensité de l'univers; Dieu ne pénètre-t-il pas partout, est-il rien de petit à ses yeux là où se trouve l'intelligence et la liberté? étendons le cercle de nos connaissances, raffermissons notre volonté, échappons à l'égoïsme par l'amour, non pas seulement par celui de la famille qui, s'il est isolé, n'est qu'un autre égoïsme, mais par l'amour de tous les hommes, même de nos ennemis; acceptons sans murmurer la loi du travail que la providence nous a imposée pour préserver l'esprit des tentations de la chair. Quelle que soit la condition dans laquelle nous sommes placés, accomplissons notre tâche et nos devoirs, rien ne se perd de ce que nous faisons pour le bien et pour la vérité. Frères, Dieu nous regarde; mais si quelquefois un fol orgueil saisissait notre cœur, si trop d'attachement nous liait à de vains honneurs et à de fausses richesses, songeons que notre destinée n'est pas ici-bas, que notre vie est un passage, et que la terre n'est qu'un hameau de ce grand pays qui s'appelle l'univers.

RANG DE CHAQUE GLOBE

DE NOTRE TOURBILLON SOLAIRE

DANS LA HIÉRARCHIE DES MONDES

Après avoir dit, en général, la nature et la destination des astres, nous nous proposons de rechercher d'abord, au point de vue exclusivement scientifique, le rang qu'occupe chaque astre de notre tourbillon dans la hiérarchie universelle de l'univers, et de comparer ces résultats mathématiquement certains avec les enseignements que les Esprits peuvent avoir donnés sur chacun de ces problèmes. Nous nous servirons pour ce travail des livres d'Arago, de William Herschell, et surtout du traité *ex professo* publié par le docteur Plisson sur cette intéressante matière.

Nous allons tour-à-tour examiner, en nous appuyant sur ces autorités, l'état physique du sol dans tous les globes de notre tourbillon, celui des atmosphères et des milieux ambiants, la température de ces divers séjours et la lumière qu'ils reçoivent, la durée du jour et de l'année, la diversité des saisons et des climats, les conditions variées des surfaces, de la densité et de la pesanteur. Nous ferons cette étude sur les planètes, leurs satellites, sur le soleil, et de là nous saurons tirer :

1° Une partie positive et mathématique ;

2° Une partie probable ou tout au moins conjecturale.

Nous verrons dans ce double résumé, l'un positif, l'autre hypothétique, que le Spiritisme, par sa doctrine, est venu le confirmer sur presque tous les points, et que ses enseignements sont parfaitement d'accord avec les données astronomiques et scientifiques le plus universellement reçues. Entrons donc en matière après ces courtes explications.

Les planètes et leurs satellites présentent, comme la terre, des globes opaques et solides, à la surface desquels les animaux peuvent se mouvoir, se reposer, s'attacher, se fixer, et les végétaux germer, pousser, prendre racine. Le globe immense du soleil ne parait être aussi lui-même qu'un corps obscur, enveloppé d'une double atmosphère, dont la plus superficielle est seule lumineuse. Cette constitution physique du soleil, déjà entrevue par A. Wilson, par le professeur Bode, par le docteur Elliot, a été en quelque sorte démontrée, ou du moins rendue extrêmement vraisemblable, par les découvertes du célèbre W. Herschell, par les travaux de son illustre fils et par ceux d'Arago. Ce dernier, aussi ingénieux physicien que grand astronome, a prouvé, à l'aide de ses belles expériences sur la polarisation de la lumière, que la région lumineuse du soleil était de la nature des gaz incandescents (1).

Entre tous les astronomes de distinction qui n'ont point hésité à peupler le soleil d'êtres sentants et pensants, il faut surtout citer Bode, qui non-seulement ne voyait pas de difficulté à admettre l'existence de ces habitants, mais qui même ne semblait guère douter du bonheur ineffable dont ils jouissent, « perpétuellement éclairés, comme ils sont, par leur atmosphère lumineuse, perpétuellement échauffés par les rayons calorifiques provenant des combinaisons chimiques de cette même atmosphère et de l'atmosphère grossière qui la supporte; admirant à loisir le magnifique spectacle de la nature à travers les ouvertures que nous prenons de la terre pour des amas de scories noirâtres, » etc. (2). Dès l'année 1787, dit encore l'élégante et riche notice où nous puisons ces intéressants détails (3), le docteur Elliot soutenait que la lumière du soleil était due à une aurore dense et universelle. De plus il croyait, avec d'anciens philosophes et avec des savants modernes extrêmement recommandables, que, malgré les torrents de chaleur et de lumière qu'il nous envoie, ce grand astre pouvait bien ne

---

(1) Voyez les comptes-rendus de l'Académie des sciences et les savantes notions qui enrichissent l'Annuaire du bureau des longitudes.

(2) Voyez le volume publié par la Société des Amis de l'investigation de la nature, *Berlin*, 1776, cité par M. Arago, Annuaire de 1842, page 607. Voir aussi les notes de Bode sur la *Pluralité des Mondes*, de Fontenelle, nouvelle édition, *Berlin*, 1785, pages 163-164.

(3) Arago, Annuaire de la même année, page 514, et Encyclopédie d'Edimbourg, à l'article *Astronomie*, par le docteur Brewster.

pas être très-chaud et conséquemment être habité. Le docteur Elliot, ayant eu le malheur de tuer miss Boydell dans un accès de jalousie, fut traduit aux assises d'Old-Bailey. Ses amis cherchèrent à le faire passer pour fou et y réussirent entièrement, en remettant aux mains du jury les brochures qui contenaient les idées que nous venons de rapporter. Eh bien! presque tous les astronomes de nos jours, et les plus éminents d'entre eux, adoptent très-volontiers ces opinions, qu'on estimait naguère ne pouvoir provenir que de la cervelle d'un fou.

W. Herschell, un des plus grand astronomes de tous les temps et de tous les pays, s'empara l'un des premiers, continue M. Arago, des idées condamnées du docteur Elliot, et basa sur elles sa théorie de la constitution physique du soleil, généralement reçue aujourd'hui. L'ingénieux Hanovrien pense que le globe solide du soleil est entouré d'une double atmosphère dont l'intérieur, dense et peu ou point lumineux, est séparé de l'extérieur qui est brillant et chargé de nuages phosphoriques. Pour lui, comme pour Wilson et Bode, les taches du soleil apparaissent lorsque, par l'effet de courants ascendants échappés des soupiraux du corps de l'astre, des ouvertures ou crevasses se forment dans les deux atmosphères. On voit alors, par ces ouvertures, le corps obscur intérieur, tout comme un observateur placé dans la lune pourrait apercevoir la partie solide de la terre, à la faveur des éclaircies qui se font dans notre atmosphère, etc. (4).

Nous venons de dire qu'Herschell ne regarde pas comme contiguës les deux atmosphères, et qu'il établit, au contraire, qu'il existe un intervalle entre elles. Il estime que l'épaisseur de cette double enveloppe peut avoir de 5 à à 600 myriamètres (5), ce qui porte la région dans laquelle nagent les nuages phosphoriques à une très-grande hauteur au-dessus de la surface même de l'astre.

La couche atmosphérique qui est à l'intérieur est très-dense et douée d'une puissance de réflexion très-considérable, propre à préserver efficacement les hôtes hypothétiques du soleil de la radiation des régions lumineuses situées à l'extérieur; de façon qu'il se pourrait très-bien que ces habitants n'eussent pas à souffrir d'une trop forte chaleur, garantis qu'ils sont par le voile atmosphérique

(4) Arago, même Annuaire, page 510.

(5) Autrement 1,250 à 1,500 lieues de poste.

intérieur, qui se développe comme un dais, ou si vous aimez mieux comme une immense ombrelle au-dessus de leurs têtes.

Les étoiles qui, en réalité, constituent autant de soleils, peut-être plus gros que le nôtre, sont probablement dans le même cas ; en sorte que si l'on conclut à l'habitabilité possible du soleil, il serait bien peu légitime de se refuser à reconnaître celle des étoiles.

Les milieux ambiants, tels que l'eau et l'atmosphère, constituent la partie vitale et indispensable d'un astre, tellement que si plus tard nous arrivons à découvrir quel est le degré de richesse de l'atmosphère d'une planète, nous pouvons hardiment conclure à la supériorité de sa constitution.

On n'a point trouvé d'atmosphère dans Vesta et dans la Lune. On en a reconnu dans toutes les autres planètes et dans quelques satellites de Jupiter notamment. Mais pour être compris, il faut dire ici un mot des moyens de constatation dont nous disposons pour ces délicates recherches qui constituent l'astronomie réellement vivante.

Voici la théorie d'Herschell : Regardons, dit-il, ce qui se passe lors de l'occultation d'une étoile, par l'interposition entre elle et nous, d'une planète en possession d'une couche atmosphérique enveloppante. L'action réfringente de ce milieu aériforme, dans lequel la planète est plongée, a pour résultat, en déviant le rayon stellaire, de retarder le commencement de l'occultation et d'accélérer sa fin, comme nous venons de le dire pour les couchers et les levers du soleil, de la lune, etc. Evidemment ces effets ne sauraient avoir lieu si la planète manquait d'enveloppe gazeuse, capable de dévier sensiblement la lumière tangentielle de l'étoile. Tout se réduit donc à une comparaison exacte du temps écoulé, durant l'occultation apparente ou observée, avec celui calculé pour l'accomplissement de l'occultation réelle ou astronomique. La durée de la première, c'est-à-dire de l'occultation visible, est-elle égale à celle de l'occultation déterminée mathématiquement ? On en conclut que l'astre considéré n'a pas d'atmosphère appréciable. Dans le cas contraire, l'existence d'un milieu réfringent autour de l'astre, ne laisse aucun doute, puisque l'inégalité de durée des deux occultations nous avertit et nous prouve que la lumière est déviée par l'action de l'atmosphère du corps interposé. Lorsque les astronomes déclarent que telle ou telle planète manque d'atmosphère, cela ne signifie pas qu'elle n'en ait pas du tout, mais seulement qu'elle n'en possède pas qui soit susceptible de dévier sensiblement la lumière ; ce qui revient à dire qu'on est certain que le vide, autour de la planète, est au moins égal à celui que laisse la très-petite portion d'air qui reste toujours dans nos meilleures machines pneumatiques, quand il a été épuisé aussi complètement que possible. Ainsi, la constatation dont nous venons de parler, a toujours pour limites, d'une part nos moyens d'appréciation, et de l'autre les termes de comparaison que nous tirons de la terre et de notre science évidemment bornée.

Nous en dirons de même des recherches sur la chaleur auxquelles nous allons nous livrer. Il faut toujours supposer et que rien dans la constitution atmosphérique des astres dont nous parlerons, ne vient en modifier l'exercice, en atténuer dans un cas les effets, les augmenter dans l'autre, et que d'un autre côté la constitution des habitants est analogue à la nôtre, ce que nous verrons complètement erroné dans la partie conjecturale qui conclura nos études. Ceci, bien entendu, voyons ce qu'est la chaleur dans les divers astres de notre système.

A raison de l'intensité de la chaleur solaire sur Mercure et sur Vénus, la majeure partie des animaux terrestres, l'homme compris, ne pourrait y vivre que sur des montagnes très-élevées, comme on est certain d'ailleurs qu'il s'en trouve en grand nombre dans ces deux planètes ; en plaine, la chaleur doit y être insupportable et destructive de toute organisation analogue à la nôtre.

Dans Jupiter, dans Saturne et dans Uranus, dont les distances au soleil sont si grandes, il n'est pas douteux qu'il serait impossible à des individus de notre espèce d'y pouvoir subsister, si ce n'est peut-être dans les régions les plus équatoriales de Jupiter et sur ses basses terres, où l'on sait que la chaleur est beaucoup plus forte qu'au sommet des montagnes. Quant aux habitants de Saturne et d'Uranus, il faut absolument qu'ils soient très-différents de nous. C'est, au reste, ce qu'on peut très-bien admettre, alors même que nous ne pouvons nous en faire aucune idée; car, si nous n'eussions jamais connu aucun poisson, dit M. Arago (1), qui est-ce qui se serait imaginé que les eaux pussent être habitées par d'innombrables populations, et même par les géants du règne animal ?

Enfin, et à raison de son prodigieux éloignement, il est clair que la planète Le Verrier doit être à cet égard dans des conditions

(1) *Cours d'astronomie de l'Observatoire de Paris.*

biologiques encore plus défavorables que Saturne et Uranus, si toutefois il n'est pas infiniment probable que la constitution des habitants ne soit appropriée complètement à l'état respectif de leurs séjours.

Passons maintenant à la considération du jour et de l'année de chaque membre de notre tourbillon.

La vie se consume dans chacun d'eux avec d'autant plus de rapidité que les impressions sont plus réitérées, les mouvements vitaux plus actifs, les sensations plus précipitées. De ce principe physiologique certain on peut induire que les planètes dont les années sont le plus courtes, sont aussi celles où l'on vit le moins longtemps et où l'on ne fait que passer, tandis que les autres sont plus favorables à la longévité.

Dans Mercure, qui est si proche du Soleil et dont l'année entière est à peine égale au quart de la nôtre, on ne peut guère supposer d'espèces vivantes capables de durer et de résister longtemps.

Pour Vénus, avec une année de sept mois et demi environ, les conditions sont certainement meilleures.

Elles le sont plus encore sur la Terre, dont l'année est d'un an ou douze mois.

Mars, à son tour, est nécessairement plus avantagé que cette dernière, car son année est de près d'un an et onze mois.

Dans Jupiter, l'année y est quadruple de la nôtre, dans Saturne, décuple ; on voit quelles proportions, toutes choses égales d'ailleurs, peut y atteindre la longévité des habitants. Après avoir examiné la durée de la révolution des planètes, occupons-nous à présent de celle de leur rotation qui détermine le *nyctémeron,* c'est à dire l'espace de temps compris dans un jour et une nuit.

La plus lente des rotations, à part les rotations de quelques satellites, est celle du Soleil, qui tourne sur son axe en 25 jours, 12 heures, environ.

Le Soleil étant lumineux par lui-même, ou plutôt par sa photosphère ou enveloppe extérieure de nuages phosphoriques, il en résulte que le jour y est permanent. La chaleur aussi y est toujours égale, et il paraîtrait même, ainsi que nous l'avons rapporté, qu'il se pourrait qu'elle fût assez modérée à la surface solide de l'astre. Nous ne reviendrons pas sur les explications que nous avons déjà données de la manière de voir du docteur Elliot, du professeur Bode, du célèbre W. Herschel et de quelques autres à ce sujet. Nous nous bornerons à rappeler que, pour eux, l'habitation de ce globe immense n'est pas douteuse, et qu'ils le regardent même, à raison de cette uniformité constante de chaleur et de lumière, comme devant offrir un séjour de parfaites délices. Passons à l'examen des planètes.

Nous sommes frappés tout d'abord d'une coïncidence singulière, c'est que la durée du jour est à peu de chose près la même dans les quatre planètes qui sont les plus voisines du Soleil ; en effet,

Cette durée est de 24 heures 5m 28" dans Mercure.
23 heures 21m 7" dans Vénus.
23 heures 56m 4" sur la Terre.
24 heures 39m 21" dans Mars.

A quoi tient cette ressemblance dans la longueur des jours de ces quatre premières planètes ? A quelque chose, sans doute, mais que nous ignorons complètement. Quoi qu'il en soit, il est vraisemblable que, sous ce rapport du moins, la vie doit être sensiblement de la même durée dans chacun de ces mondes.

Les rotations de Jupiter et de Saturne sont très-rapides et presque semblables entre elles. Cette égalité approchée n'est pas moins remarquable que pour les quatre premières planètes dont nous avons parlé. Cette durée est de 9 heures 55m 50" pour Jupiter et 10 heures 18m 0" pour Saturne.

Le docteur Plisson écrit à ce sujet un passage que nous sommes loin d'approuver mais que nous allons rapporter *in extenso :*

« Les jours de ces deux grosses planètes sont donc plus de moitié plus courts que ceux de Mercure, de Vénus, de la Terre et de Mars. Quelle en peut être la cause ? C'est ce que, dans l'état actuel de nos connaissances, il serait très-difficile de dire. Dans tous les cas, cette brièveté extrême des jours doit s'opposer à ce que, soit des animaux, soit des végétaux, puissent y fournir une longue carrière. L'existence, dans ces planètes, doit être singulièrement divisée, coupée, mouchée ; tous les actes de la vie doivent s'y succéder avec une grande rapidité, et c'est à peine si des êtres organisés comme nous le sommes auraient le temps, en cinq heures de jour effectif, de s'habiller, de se déshabiller, de prendre un seul repas et de faire une courte promenade, que déjà la nuit serait arrivée. L'homme ne trouve à vivre sur la terre qu'à force de travail et d'efforts persévérants, ce n'est qu'à ce prix qu'il l'oblige à produire ; et, si les mêmes efforts étaient indispensables pour la fertilisation du sol de Jupiter et de Saturne, il est certain que toutes les fois que ces travaux exigeraient de la suite, le temps lui manquerait pour les effectuer, et qu'il y mènerait une vie fort misérable. Mais les habitants de ces planètes, s'il y en existe, sont vraisemblablement d'une tout autre nature que la nôtre.»

Nous verrons au contraire, par la suite, que Jupiter et Saturne, bien qu'à un moindre degré, sont des séjours heureux, de beaucoup supérieurs à la terre, et nous le prouverons certainement et mathématiquement. Les observations du docteur Plisson, quoique spécieuses, s'éloignent donc de la vérité; mais qui ne voit que tout peut être organisé dans la colossale atmosphère de Jupiter pourvu de quatre lunes, dont quelques-unes sont toujours à l'horizon, dans Saturne, avec son anneau pour diadème étincelant et avec ses satellites nombreux, de manière à ce qu'à un jour éclatant succède un demi-jour pendant lequel les occupations spirituelles et même matérielles peuvent se continuer, même avec de plus vifs agréments et des conditions de plus dont nous ne pouvons nous faire une idée, et qu'ainsi sur ces planètes le sommeil y soit de très-courte durée, comme sa nécessité décroît à mesure que nous nous élevons vers les mondes purs, séjours d'une éternelle activité.

Nous arrivons sans contredit à la partie la plus importante de nos recherches, à la variété des saisons dans chaque globe de notre tourbillon solaire, car c'est cette différence qui constitue les climats, et se trouve liée à l'état plus ou moins heureux de chacune des humanités qui les habitent.

L'inclinaison des axes de rotation des astres sur le plan de leurs orbites respectives est la cause des saisons et des climats.

Si l'*obliquité est nulle,* le Soleil étant toujours à l'équateur de la planète, il n'y a point de saisons, ou plutôt c'est la même durant toute l'année, avec des jours constamment égaux aux nuits.

Si l'*obliquité est extrême*, les saisons sont extrêmes.

Le monde le plus parfait sera donc celui qui se rapprochera de la première supposition et qui aura son axe de rotation presque droit, ou du moins légèrement incliné, conditions qui se rencontrent dans *Jupiter*, dont nous conclurons la supériorité, mathématiquement et astronomiquement prouvée, sur tous les globes de notre système. L'inclinaison de l'écliptique est de 3 degrés 10', ce qui donne pour son axe de rotation 86 degrés 10', c'est-à-dire qu'il est à peu près droit.

Les variétés des saisons de la Terre dépendent donc, comme celles de ses climats, du degré d'inclinaison de l'axe de rotation. Or, nous avons établi précédemment que plus l'axe d'une planète était penché, et plus les saisons différaient les unes des autres, et inversement; d'où nous inférons que, vu les obliquités respectives des axes de la Terre et des autres planètes, nos saisons sont considérablement plus distinctes que dans Jupiter, où elles sont presque uniformes; un peu moins que dans Mars et dans Saturne, et beaucoup moins que dans Mercure, Vénus et surtout Uranus; qu'en conséquence Jupiter est infiniment mieux partagé que nous ne le sommes, sous ce rapport, mais qu'à notre tour nous avons des conditions plus avantageuses que celles départies à Mars et à Saturne, et principalement à Mercure, Vénus et Uranus, dont les saisons sont tout à fait extrêmes.

Ne connaissant aucunement quels peuvent être les degrés d'obliquité des axes de rotation de Vesta, d'Astrée, de Junon, de Cérès et de Pallas, nous n'avons point à comparer à ce sujet notre Terre avec ces cinq planètes, non plus qu'avec la planète Le Verrier dont l'inclinaison de l'axe de rotation nous est également inconnue. Leurs saisons, car elles en ont d'une façon ou d'une autre, peuvent être uniformes, plus ou moins variées, ou même entièrement disparates; mais c'est ce que nous sommes condamnés à ignorer aussi longtemps que nous ne pourrons pas parvenir à déterminer les directions de leurs axes.

Comme la matière est excessivement importante pour l'astronomie vivante, livrons-nous à quelques développements sur les points connus et acquis.

L'inclinaison oblique de l'écliptique terrestre se lie évidemment à l'infériorité de notre séjour. Voici comment s'exprime un auteur moderne :

« La diversité et l'antagonisme des saisons, leur rapide succession (moins rapide pourtant que dans Vénus et surtout dans Mercure, où la vie doit s'user avec une effroyable vitesse), l'inégalité continuelle du jour et de la nuit, et par suite l'inconstance de la température, sont autant d'inconvénients réels pour l'habitation de la Terre. Ces inconvénients n'eussent point existé si l'axe de rotation, au lieu d'être incliné comme il est, eût été à peu près perpendiculaire au plan de l'orbite (ainsi que dans Jupiter, où il vaut 86^{d} 90'); car, de cet état de choses fussent résultés pour toute la terre des jours constamment égaux aux nuits, et une température spéciale sur chaque parallèle. A l'abri des transitions souvent peu ménagées de chaleur et de froid, de sécheresse et d'humidité, communément si funestes au maintien de l'équilibre physiologique, à l'abri aussi des autres changements météoriques, non moins nuisibles, qu'amène fatalement le renouvellement trop brusque et trop fréquent des saisons, les fonctions de l'économie vivante se fussent accomplies sans trouble, en pleine liberté, suivant le rhythme normal de la santé ; ce qui, vraisemblablement, eût contribué, dans de certaines limites, à la prolongation de notre existence (rendue ainsi plus agréable). Il n'est donc pas douteux, selon la remarque d'un savant auteur (1), que, s'il était en notre pouvoir de remédier à cette fâcheuse obliquité de l'axe de la terre, l'humanité entière ne dût chercher à combiner ses forces collectives avec celles de tous les agents physiques qu'elle a su assujétir, pour tenter d'en opérer le redressement graduel. Or, l'impossibilité radicale d'une telle entreprise étant évidente par elle-même, il ne nous reste plus, tout en regrettant notre impuissance, qu'à nous résigner absolument à l'ordre matériel établi et à l'imperfection notoire qui en résulte pour notre commune demeure.»

Voyons à présent les conditions dans lesquelles se trouve le *roi* des planètes de notre tourbillon, Jupiter.

De toutes les planètes de notre système, la plus heureuse, sous le rapport des saisons, est certainement le magnifique Jupiter. Son axe de rotation est très-peu incliné sur le plan de son orbite ; aussi ses saisons sont-elles à peu près uniformes : l'été ne s'y distingue guère de l'hiver, encore moins du printemps et de l'automne. Elles ont, en outre, l'avantage de durer presque douze fois plus que les nôtres, c'est-à-dire deux ans, onze mois et demi, en négligeant, bien entendu, les différences occasionnées par l'excentricité de l'orbite et par la position de la ligne des apsides.

Puisque l'axe de Jupiter n'est dévié que de quelques degrés de la verticale, les zones équatoriales et polaires n'ont pareillement que quelques degrés d'étendue, tandis que la zone tempérée ou intermédiaire occupe la presque totalité de la surface des deux hémisphères. Or, comme le Soleil s'écarte très-peu de l'équateur de la planète, la température de chaque parallèle demeure à peu près invariable toute l'année. S'il y a des mers dans Jupiter, comme c'est croyable, les glaces polaires ne s'avançant qu'à une faible distance, il est sans doute possible à ses navigateurs d'approcher plus près de ses pôles que nous ne le pouvons faire de ceux de la terre.

Le nycthéméron astronomique jovien n'est que de 9 h. 55^{m} 50", ou un peu moins de 10 heures. L'inégalité des jours et des nuits

(1) *Traité philosophique d'Astronomie*, 1re partie, chap. II, page 147.

n'y est, pour ainsi dire, pas appréciable, car, à la latitude où nous sommes, la durée du plus long jour n'y dépasse pas 5 heures.

L'uniformité et la longueur de ses saisons, la permanence de température de ses climats, son équinoxe perpétuel, font, sans contredit, de ce colosse planétaire, le séjour le plus propice aux évolutions convenablement modérées des organismes vivants; et quant à la succession beaucoup trop rapide de ses jours et de ses nuits, nous avons déjà exposé que ce désavantage était annulé par l'atmosphère immense et les satellites, dont un ou deux sont toujours à l'horizon, de telle sorte que dans ce séjour fortuné il n'y a pas de ténèbres et que le sommeil de ses habitants, dont la nécessité et la durée sont un indice d'organisation inférieure, y était sinon tout à fait nul, du moins excessivement court. Choisissons maintenant un exemple d'obliquité extrême du plan de l'orbite. Nous le trouvons dans Uranus.

Relativement à l'extrême inclinaison de son axe de rotation, presque couché sur le plan de l'écliptique, et par suite sur celui de son orbite propre, qui n'en diffère que très-peu, Uranus est disposé de manière à avoir des saisons aussi disparates entre elles que celles de Jupiter sont ressemblantes. En effet, tandis qu'un de ses hémisphères est, durant une longue période, plus ou moins universellement éclairé et échauffé par l'action permanente des rayons solaires, l'hémisphère opposé se trouve, pendant le même intervalle de temps, plongé dans d'affreuses ténèbres et soumis à un froid excessif. Chacune des saisons de cette lointaine planète dure, l'une dans l'autre, 21 ans. Elles valent donc 7 fois un quart celles de Jupiter et 84 fois les nôtres. Uranus n'a que deux sortes de zones, encore sont-elles de grandeur fort inégale : la torride, qui ne justifie guère ici sa dénomination, y a pris un immense développement, puisqu'elle s'étend jusqu'à environ 80° de chaque côté de l'équateur, et les polaires, qui la confinent immédiatement et auxquelles il ne reste plus que 10° de part et d'autre. Quant aux zones intermédiaires, elles en ont complètement disparu. De l'été à l'hiver, la température de ses climats change du tout au tout, et simultanément la durée respective des jours et des nuits. Rappelons enfin que, comme on n'a pas encore pu déterminer le temps que la planète emploie à tourner sur elle-même, on ne sait absolument rien de la durée de son nycthéméron.

Déjà si mal partagé à raison de son grand éloignement du Soleil, le disgracié Uranus l'est donc encore tout autant à raison du contraste extrême de ses saisons, dont le seul mérite est d'être incomparablement plus longues que celles des autres corps planétaires déjà examinés. Toutefois cet avantage unique paraît devoir être singulièrement neutralisé par l'énorme différence de température qu'elles amènent et par l'inégalité si exagérée des jours et des nuits qu'on y remarque.

Mercure et Vénus, qui ont un axe de rotation fortement incliné, quoique supérieurs à Uranus sur ce point, sont bien inférieurs à la terre, quant aux saisons plus extrêmes chez eux que sur notre globe.

Mars se rapproche de notre condition, bien que la diversité des climats y soit un peu plus accusée, vu que son axe de rotation est un peu moins relevé que le nôtre. Il est donc à cet égard notre inférieur, mais à un bien moindre degré que Mercure, Vénus et surtout Uranus.

Il nous reste à parler de Saturne et à prouver astronomiquement que cette belle planète est de beaucoup supérieure à la terre; pourtant elle ne marche qu'après Jupiter parmi les mondes heureux de notre tourbillon.

Saturne se trouve en apparence dans des conditions plus défavorables que la terre sous le rapport des saisons; en effet, son axe de rotation est incliné seulement de 60°, tandis que le nôtre a une inclinaison de 66°10', ce qui donne pour le plan de son orbite 30°, tandis que la terre n'a que 23' 2'', d'où il suit que Saturne devrait être moins bien partagé que nous pour les climats, mais si on fait attention à la longue durée des saisons, qui est de 7 ans 4 mois 1/2, à l'existence d'une plus grande atmosphère, à la couronne radieuse que porte cette planète, à ses sept satellites, à la pesanteur qui y est plus intense qu'à la surface de notre globe, on doit nettement affirmer la supériorité de ce séjour sur le nôtre.

Remarquons qu'un des remèdes futurs indiqués par Fourier à la trop grande inclinaison de l'écliptique terrestre est précisément ce qu'il nomme *la couronne boréale* (1), décrite et conçue par lui semblable au double anneau de Saturne, et que dans Saturne il ne s'agit pas d'une supposition plus ou moins vraisemblable, mais de la réalité. Arrêtons-nous un instant pour parler de cette parure unique dévolue à Saturne parmi les mondes de notre système :

Ce satellite, qui ne se distingue des autres que par la forme et

(1) *Théorie des quatre mouvements*, édition princeps de Leipsig, pages 71 et 73.

par son extrême proximité de la planète, n'est pas simple et parait composé de deux anneaux plats, concentriques, excessivement minces, tous deux situés dans le même plan, et séparés l'un de l'autre par une fissure complète et fort étroite qui règne dans toute l'étendue de leur circonférence. L'anneau intérieur est plus large que l'extérieur ; il est aussi plus brillant, et la différence de leurs nuances, d'après Cassini, peut être comparée à celle qu'on observe entre l'argent bruni et l'argent mat. Ce corps singulier est isolé de toutes parts, et l'on peut apercevoir les étoiles au travers du vide qui existe entre la planète et lui.

Considérant que si le double anneau de Saturne était en repos, il ne serait pas probable que les matières solides et pondérables qui le constituent, puissent rester adhérentes et se soutenir mutuellement sans s'écrouler sur la planète centrale, Laplace crut à un mouvement de rotation dont il calcula théoriquement la durée, qu'il trouva égale à celle qu'emploierait un satellite sphéroïdique et de même poids, à circuler à la même distance autour de cet astre imposant (1).

Plus tard, le grand astronome de Stough, W. Herschell, confirma, par des observations d'une exquise délicatesse, la justesse des vues et des calculs de l'illustre géomètre français. Les résultats obtenus furent identiques et fixèrent la durée de cette rotation à 10 heures, 20' 17". C'est au moyen de la force centrifuge née de cette rapide rotation, que le gigantesque arceau doit de pouvoir se maintenir sans appui dans son intégrité et dans un parfait isolement de la planète, qui en est ceinte comme d'une sorte de rempart.

La vue de l'anneau simple, double ou multiple de Saturne (car quelques personnes le croient divisé en quatre ou cinq zones indépendantes), doit procurer aux habitants de cette planète, mais tous les quinze ans seulement, un spectacle d'une magnificence inouie. Les rayons solaires, que la face éclairée de ces vastes arceaux qui traversent le ciel d'un horizon à l'autre, réfléchit sur l'un des hémisphères de l'astre central, ajoutent à la lumière du jour et diminuent l'obscurité des nuits de ce globe si étrangement accompagné. Mais tandis que, dans le jour, le pont immense que forment ces arceaux est aperçu dans sa demi-circonférence entière, comme nous voyons de loin une chaine de montagnes exposées au midi ; la nuit, ce pont parait comme rompu ou partagé en deux par l'ombre du

(1) Laplace, *Mécanique céleste*, et Arago, *Annuaire pour* 1842.

corps de la planète, qui en couvre toujours une certaine étendue à l'opposite du Soleil. L'anneau, pour l'autre hémisphère, est comme s'il n'existait pas, tant que sa face obscure est tournée de son côté et y projette son ombre; mais, à l'expiration des quinze années, c'est à son tour d'être illuminé et de jouir, durant un pareil intervalle de temps, du spectacle grandiose dont nous venons de parler.

Les sept autres satellites de Saturne sont de forme globuleuse. Tous circulent en dehors du double anneau et ont des jours égaux à leurs années, c'est-à-dire que la durée de leurs rotations est la même que celle de leurs révolutions. Les quatre premiers satellites sont trop près de la planète pour que de ces diverses stations on puisse apercevoir son disque entier, et c'est à peine même si la chose est possible à la distance où se meut le cinquième. Ces sept lunes avec l'anneau procurent un spectacle vraiment inimaginable et splendide aux habitants de cette planète, et doivent concourir puissamment à l'illumination de leurs nuits.

Soumises aux conditions de mouvement des autres satellites, les sept lunes de Saturne présentent constamment la même moitié de leurs globes en regard de leur planète. D'où il suit que les habitants de ces hémisphères privilégiés voient Saturne, toujours fixé dans la même région, au-dessus de leur horizon, comme une lune gigantesque traversée et dépassée de chaque côté par une barre de lumière plus éclatante que celle du disque, et qui provient de l'illumination de l'anneau. Les orbites des six premiers satellites étant, avons-nous dit, à fort peu près dans le plan même de l'anneau, il est clair que ce corps annulaire et aplati ne saurait être aperçu que de champ par les habitants de ces petits astres. Ceux du septième sont dans un autre cas; ils en peuvent voir plus ou moins les deux faces alternativement, attendu que l'orbite de ce dernier satellite est fortement incliné sur celles des six autres.

Concluons en résumé que, semblablement à ce qui a lieu pour les autres corps planétaires qui marchent accompagnés de globes subalternes, l'éclairage de la planète et des satellites est réciproque, et quoique la durée du nyctémeron (un jour et une nuit complets) n'y soit que de dix heures, à peu près, cemme dans Jupiter, il est permis de penser que la nuit n'y diffère pas sensiblement du jour, et que ses habitants y sont très-peu assujettis au sommeil, ce qui, ainsi que nous l'avons dit, est une marque non équivoque de supériorité. Passons à d'autres considérations.

Du reste, il est à noter que chacun de ceux qui ont écrit sur la constitution des astres, ont conclu contre cette fausse opinion renversée par nous dans la première partie de ces études, à savoir que tout avait été fait pour la Terre. Nous avons fait observer que la proposition inverse est vraie et que la Terre a été créée pour entrer dans l'harmonie universelle, et point cette harmonie pour elle ; tous les savants, tous les philosophes partagent cet avis depuis Galilée, il n'y a plus que quelques esprits attardés et rétrogrades qui s'obstinent dans l'opinion contraire. Nous avons cité Herschell, Arago, Lalande, Laplace et notre cher Jean Reynaud. Citons encore à cet égard le docteur Plisson. Voici ses propres expressions :

« La Terre a en superficie 5,098,857 myriamètres carrés, et nourrit une population de plus d'un milliard d'hommes. Sur ce taux, le Soleil, pourrait être habité par 12,000 milliards et plus d'individus, tandis que Pallas, la plus petite de nos planètes, ne renfermerait que 100,000 habitants (1). Or, s'il pouvait être prouvé comme l'ont d'ailleurs fortement soutenu le docteur Elliot, le professeur Bode et plusieurs autres avec eux, que l'habitation du Soleil fût, en effet, un immense séjour de délices et de longévité, quel cas pourrait-on faire encore de la prétention de ceux qui n'ont pas craint d'affirmer, sans plus de preuves assurément et même contre l'ensemble des témoignages multipliés de la science, que tout ce que nous voyons ait été constitué en vue de la Terre et du bonheur de ses habitants, eux dont la vie est si éphémère, si agitée, en proie à tant de déceptions, de souffrances et de misères ? Certes, si les globes de notre monde ont été formés les uns pour les autres, n'est-il pas plus naturel de penser que les avantages en tous genres doivent demeurer au plus considérable d'entre eux, à celui qui, placé au centre du système, oblige les autres à circuler autour de lui, les gouverne, les maîtrise, les domine avec tant de puissance, enfin les illumine et les réchauffe de ses rayons bienfaisants ? »

Il est un ordre très-important de considérations que nous allons maintenant aborder, c'est celui de l'intensité de la pesanteur dans chacun des globes de notre tourbillon. Voyons d'abord pour cela leur volume respectif :

(1) Sa surface entière égale à peine la dixième partie de celle de la France.

Le volume du Soleil est 1 328 437 fois celui de la Terre.

—	de Mercure.	0,06	
—	de Vénus.	0,91	
—	de la Terre.	1,00	unité de conv.
—	de Mars.	0,17	
—	de Jupiter.	1 470	
—	de Saturne.	887	
—	d'Uranus.	77	
—	Planète Le Verrier.	230	

De sorte que dans l'ordre des grosseurs notre Terre ne vient qu'au cinquième rang, et même au sixième en comptant le Soleil.

L'intensité de la pesanteur

sur le Soleil.	29,37	
— Mercure	1,15	
— Vénus.	0,95	
— la Terre.	1,00	C'est notre terme de comparaison.
— Mars	0,44	
— Jupiter	2,55	
— Saturne.	1,09	
— Uranus	1,11	
— la Planète Le Verrier.	1,02	

Dans l'ignorance à peu près complète où nous sommes à l'égard des masses des dix ou douze planètes ultra-zodiacales, et ne possédant d'ailleurs qu'une connaissance fort imparfaite de la valeur spéciale de leurs rayons, il nous est de toute impossibilité de déterminer l'intensité de la pesanteur à leur surface ; cependant, comme elles ont très-certainement des masses fort exiguës, on peut conclure que ces planètes télescopiques ont une pesanteur très-faible. Donc les habitants qui les peuplent doivent être très-matériels, tels qu'on peint les géants, pour pouvoir y vivre, et la même chose a lieu pour l'animalité qui doit n'avoir que des races d'une dimension colossale. Des êtres aussi petits que les hommes et les animaux terrestres seraient semblables aux feuilles mortes que la plus légère brise soulève et disperse en tous lieux, ils ne pourraient se maintenir en un point déterminé qu'en se cramponnant à quelque obstacle.

Que si, au contraire, l'énergie de la pesanteur, ainsi que cela a lieu sur le Soleil, y était excessive, il en résulterait que des animaux aussi pesants que la plupart de nos mammifères demeureraient immobiles, comme de lourdes pierres, à la surface du sol, sans pouvoir changer de place, à cause de l'insuffisance de leurs forces musculaires.

Nous verrons plus tard quelles immenses conséquences nous tirerons de ces déductions. En attendant, insistons encore.

Dans les planètes télescopiques, et particulièrement dans Pallas, la plus petite, et partant la moins pesante des cinq primitivement connues, comme dans les cinq ou sept autres nouvellement découvertes, un kilogramme de matière terrestre se trouverait réduit à huit ou dix grammes seulement, tandis que, porté à la surface du Soleil, il y exercerait une pression qui surpasserait celle de vingt-neuf kilogrammes sur la Terre. Il suit de là qu'un homme du poids de 80 kilogrammes pèserait sur le Soleil près de 2,400 kilogrammes. Il y serait aussi surchargé que s'il portait 28 autres hommes sur ses épaules. Non-seulement il serait dans l'impossibilité absolue de se transporter d'un lieu dans un autre, mais, écrasé, aplati sous son propre poids, son corps mutilé demeurerait étendu sur le sol, presque sans mouvement.

Il ne saurait y avoir sur la terre d'animaux beaucoup plus gros que nos éléphants, parce que l'activité des contractions musculaires ne pouvant s'accroître en proportion de l'augmentation de poids, manquerait bientôt de l'énergie nécessaire pour ébranler de telles masses et les mettre en mouvement. Les baleines, les cachalots et les autres grands cétacés ne pourraient pas se mouvoir à terre, en leur supposant même des membres convenablement conformés pour cet usage. Au sein des mers, c'est tout différent; le poids spécifique de leur corps est moindre que celui du volume d'eau qu'ils déplacent : aussi viennent-ils flotter à la surface lorsqu'ils sont morts.

De là il résulte nécessairement que, soit les géants dont les traditions se sont conservées dans la Bible et dans quelques autres livres sacrés des divers peuples, soit les animaux gigantesques, les Sauriens colossaux dont les os se sont retrouvés dans des terrains de formation variée, les grands Mastodontes, les Anoploterium, les Megalothérium, les Plésiosaures, n'ont jamais appartenu à notre planète, ne pouvant s'y mouvoir par l'intensité de la pesanteur terrestre; il est mathématiquement et scientifiquement démontré que les géants humains et les animaux dont nous parlons, n'ont pu habiter que sur des astres très-petits, soit planètes, soit satellites; la terre, comme d'ailleurs une foule de globes matériels, est donc formée de détritus d'anciens astres qui ont été utilisés par les Esprits de Dieu, chargés de l'élaboration cosmique et de la formation de nouveaux mondes. On voit ainsi que la géologie a tout à changer dans son point de départ et que la fausseté de l'hypothèse qu'elle prend pour base, est désormais clairement démontrée. On voit également la preuve d'une loi divine de la création, l'économie suprême, qui au spirituel admet à la résipiscence et au salut les âmes les plus perverses et les plus criminelles, pourvu qu'elles se repentent et expient, comme au matériel elle utilise tous les germes les plus grossiers des globes les plus petits et les plus matériels. Par là se trouve justifiée la grande idée formulée ainsi par Philaléthès : Dieu n'abandonne *et ne perd aucune parcelle de ses mondes ni aucun de ses enfants.* Quant à la mention biblique et traditionnelle des *Nephelim,* des géants, elle s'explique par deux causes, soit que par révélation les anciens habitants de ces satellites obscurs et exigus, incarnés ici-bas, après s'être essayés à la vie grossière et matérielle, aient appris quelques détails sur leurs tristes existences passées, soit qu'un souvenir vague et intuitif en soit resté dans leurs âmes. Toujours est-il mathématiquement impossible à ces géants, tels qu'on nous les dépeint, d'avoir pu se mouvoir ici-bas, autrement que comme des tortues, et d'avoir exercé ces merveilles de force et d'agilité que leur prêtent les traditions et qui ne peuvent se concevoir que sur des séjours de peu de volume et de peu de pesanteur. Il en est de même des gigantesques Sauriens dont les traces visibles ont été retrouvées dans notre sol. Notre explication, sur la formation de la terre, est donc la seule vraie.

Notre *Jobard*, de Bruxelles, avait eu le pressentiment de ces vérités, quoiqu'il se soit trompé dans leur expression ; qu'on en juge : « La terre, disait-il, est composée de détritus de vieux globes employés par les ministres de Dieu à la formation des satellites de dernière venue. Ces terres qui ont été selon toute apparence gigantesques (c'est là que se trouve l'erreur, c'est *exiguës* qu'il fallait dire) ont eu des habitants analogues (toujours la même erreur, ce sont les planètes les plus *petites* qui peuvent avoir seules des *géants*). « Il suit de là, ajoute le grand savant, que nous n'avons pas lieu d'être fiers de notre origine, au point de vue de la carapace terrestre, provenant de germes anormaux qui dormaient dans le chaos. » (*Biographie de Jobard,* par André Pezzani, chap. 2e.)

De même, bien qu'il n'en ait pas tiré les conséquences légitimes que nous en déduisons, le docteur Plisson a écrit : (*Les Mondes,* 4e section.) « S'il existe des êtres animés à la surface du soleil, comme le prétendent le docteur Elliot, Bode, Herschel et d'autres encore, il faut que ce soient des espèces de nains, ou plutôt des organisations de structure très-légère et en quelque sorte tout aérienne, comme celle de nos plus frêles insectes; tandis que, dans les petites planètes, il se peut qu'il y ait des géants, attendu que l'exercice de la locomotion n'y réclame que de faibles efforts musculaires. »

Résumons-nous maintenant et classons les mondes de notre tourbillon solaire positivement d'abord, conjecturalement ensuite, d'après les données qui nous sont acquises, puis nous verrons que les enseignements des Esprits sont parfaitement d'accord avec ces résultats scientifiques sur tous les points principaux.

Laissons de côté pour un moment le roi des rois, le chef auguste de notre tourbillon, le représentant matériel de Dieu sur toutes les planètes qu'il régit, le soleil.

Bornons-nous à constater que le soleil, d'après la science et l'enseignement des Esprits, est le paradis relatif de nos mondes, habité par des âmes quasi éthérées et spirituelles. Nous verrons, dans une notice spéciale, que cette doctrine est aussi en faveur au regard de la théologie, et que l'abbé Gratry notamment, dans son deuxième volume de la *Connaissance de l'âme,* lui a prêté tout l'éclat de son talent sympathique en la développant magnifiquement.

Le plus avancé des mondes de notre tourbillon, après le soleil, est sans contredit *Jupiter;* nous avons déjà dit pourquoi. L'inclinaison de l'axe de rotation, qui égale 86 degrés, rend les saisons à peu près uniformes et le printemps perpétuel. La durée de la révolution, qui est proportionnelle à la longévité, donne pour la vie moyenne des habitants 6 ou 700 ans. Enfin, l'intensité de la pesanteur, qui est de 2,55, la terre n'ayant que 1, permet une organisation humaine du double plus spirituelle que la nôtre, et moins matérielle d'autant. Il est permis de conjecturer que ses fortunés habitants peuvent se transporter d'un bout à l'autre de cette grosse planète ou à des points plus rapprochés en volant dans les airs et au gré de leurs désirs. Tout, dans cet heureux séjour, minéraux, végétaux, animaux, y suit des conditions de spiritualité. La vie dans Jupiter est évidemment une récompense, relative, il est vrai, un repos avant de monter plus haut, une station enviable avant d'avoir mérité le cercle du bonheur.

Les *Esprits* nous ont appris unanimement ce que nous savions de par la science, et cette conformité parfaite est une preuve de plus de la vérité de leurs enseignements.

En dessous, et à un degré inférieur, vient *Saturne,* avec ses sept lunes et son magnifique anneau.

Les saisons et les climats doivent s'y faire sentir, puisque l'inclinaison de l'axe de rotation y est de 60 degrés. Mais leur rigueur doit être singulièrement mitigée par l'heureuse influence de son anneau, lié unitairement à l'harmonie de ce globe favorisé. Nous avons déjà dit ce qu'en pensait Fourier, et nous y renvoyons nos lecteurs. Quant à la durée excessive de la révolution, elle favoriserait encore davantage la longévité des habitants que dans Jupiter, n'étaient les circonstances que nous venons d'énumérer plus haut, et qui, pour être amoindries, ne disparaissent pas cependant tout-à-fait.

Les habitants de Saturne sont un peu moins matériels que les nôtres, puisque l'intensité de la pesanteur à la surface y dépasse la pesanteur terrestre, de peu de chose, il est vrai ; cette pesanteur est de 1,09.

On peut donc conjecturer que les moyens de locomotion, bien que n'égalant pas ceux de Jupiter, sont tout au moins supérieurs à ceux de notre terre. Peut-être les habitants trouvent-ils dans leur organisation des facilités pour marcher légèrement sur les eaux et franchir de courts obstacles.

C'est aussi ce que nous ont dit les *Esprits.* Tout en avouant unanimement la supériorité de Jupiter, ils ont constaté que Saturne était une planète plus avancée que la nôtre. Ce que la science vivante de la constitution des astres nous permettait d'affirmer a été pleinement confirmé par les révélations du Spiritisme.

Nous avons maintenant à nous expliquer sur Uranus, Mars, Vénus, Mercure.

Quant à *Uranus,* on a vu les conclusions de la science : climats excessifs, chaleur torride, froid intense. Cette planète nous paraît donc moins heureuse que la terre. A la vérité, il pourrait y avoir quelques circonstances qui nous échappent, vu l'éloignement, et qui peuvent modifier plus ou moins cette âpreté des climats.

L'intensité de la pesanteur y étant supérieure à celle de la terre et égalant 1,11, les habitants pourraient y avoir une organisation plus spirituelle et moins impressionnable aux terribles vicissitudes du froid et du chaud.

Nous en sommes réduits à de simples conjectures sur *Uranus*, les enseignements des Esprits sur ce point ayant été équivoques et contradictoires. Il y a eu confusion entre l'Uranus actuel et une planète parvenue déjà à l'harmonie qui portait, à ce qu'il paraît, le même nom, et qui a fait son ascension hors de notre tourbillon inférieur.

Nous nous y sommes pris alors d'une autre manière, et nous avons interrogé les Esprits sur la planète découverte par Herschell, et tous alors ont constaté son infériorité sur la nôtre. Mais, nous le répétons, tout est conjectural à cet égard.

Mars est inférieur à la terre, quoique la longévité y paraisse double. Les habitants sont des demi-géants beaucoup plus matériels que nous, l'intensité de la pesanteur à la surface n'étant que de 0,44, et l'inclinaison de l'axe de rotation plus excentrique encore que sur notre globe. Les Esprits ont été, sur ce point, d'accord avec les constatations de la science.

Quant à *Vénus*, c'est une planète infiniment rapprochée de la nôtre. La science dirait qu'elle est inférieure et plus matérielle : 1° l'inclinaison de l'axe de rotation est de 15 degrés seulement, de là des climats excessifs ; 2° la durée de la révolution n'est que de 224 jours, et la vie moyenne plus courte ; 3° l'intensité de la pesanteur est de 0,95, partant l'organisation doit y être plus grossière.

Les Esprits se séparent à cet égard de la science, en soutenant que *Vénus* est, quoique de bien peu, plus avancée que la terre.

Mercure est une des planètes les plus malheureuses de notre tourbillon. La vie moyenne y est très-courte, et en acceptant 33 ans pour chiffre de la nôtre, on ne trouve que 10 à 11 ans pour les habitants de *Mercure*. Nous avons exposé en passant, dans nos premiers articles, les conditions évidentes d'infériorité de cet astre, dont le séjour est une punition pour les âmes dévoyées qui vont s'y incarner, ou un très-faible degré d'avancement pour les âmes peu avancées qui s'essayent à la vie et à l'exercice de l'intelligence et de la moralité.

Une seule condition est favorable dans *Mercure*, c'est l'intensité de la pesanteur plus grande que sur la terre et égalant 1,12, ce qui permettrait une organisation moins matérielle des habitants. Les Esprits, en confirmant complètement les résultats qu'on vient de lire, nous ont donné la raison de cette anomalie en nous apprenant que les hommes y étaient très-petits, et que la plus haute stature n'y dépasse pas trois pieds et demi. Ces révélations sont d'autant plus curieuses qu'elles s'adaptent parfaitement avec la science et sont avec elle dans une entière concordance.

Quant à *la Lune* et à *Vesta*, dont l'atmosphère est si petite qu'elle n'occulte pas les étoiles, les Esprits nous ont dit que ces petits astres servaient de rendez-vous et de stations aux Esprits errants.

LE SOLEIL PARADIS DE NOTRE TOURBILLON.

Nous avons d'une part prouvé l'habitabilité des astres, de l'autre nous avons examiné à la lueur de la science vivante et des révélations nouvelles, le rang respectif de chaque globe de notre tourbillon dans la hiérarchie des mondes. Nous avons promis de revenir, dans une notice spéciale, sur le Soleil. Résumons d'abord ce que nous en avons déjà dit. Nous avons constaté, d'après le docteur Plisson, que les habitants de ce séjour radieux pouvaient être éthérés et spirituels dans une proportion incompréhensible pour nous; d'un autre côté les révélations spirites s'accordent de tous points avec ce résultat, et la note, page 81 du *Livre des Esprits*, enseigne que le Soleil n'est pas un monde habité par des êtres corporels comme les hommes de la terre ou des planètes, mais par des Esprits déjà supérieurs et affranchis en quelque sorte des liens grossiers de notre matière. On pourra lire avec fruit cette note qui est un excellent résumé de la doctrine sur les globes de notre système. Ce n'est pas tout, il sera curieux d'interroger sur cette question *de la pluralité des mondes et de la demeure dans les astres*, un grand et profond esprit, qui se rattache au passé de nos traditions religieuses par ses origines, mais qui par ses tendances a déjà un pied dans l'avenir, l'abbé Gratry, la plus éminente lumière du Christianisme à notre époque. A son insu, ce remarquable penseur incline vers nos doctrines et a avec elles plus d'un point de contact. Examinons donc à sa suite ce qu'ont pensé des astres et notamment du Soleil, les défenseurs de l'antique théologie, qui ont été en même temps par éclairs les précurseurs de la foi nouvelle. C'est dans le livre admirable *la Connaissance de l'âme*, au chapitre intitulé : *Lieu de l'immortalité*, que l'auteur s'est élevé à ces horizons plus vastes et plus consolants. Il exprime d'abord la crainte de n'être pas compris, et il s'écrie :

« Qui me suivra dans cette lecture ? qui me croira ? On ne sait pas comprendre, et l'on ne veut pas croire. Qu'allez-vous chercher dans les astres? me dira-t-on. Et quel rapport le ciel physique a-t-il avec nos âmes ?

» Par cette question on peut éteindre la sainte curiosité et la respectueuse intelligence du livre de Dieu. Cependant, ni la divine Ecriture inspirée, ni le génie, ne nous tiennent ce langage. Le prophète, en parlant des célestes occupations de l'âme, s'écrie : « Seigneur, je contemplerai votre ciel : le soleil, les étoiles que vous avez créés. » Il dit ailleurs : « Les étoiles sont en votre présence, Seigneur, et tressaillent de joie en brillant devant vous. » Ailleurs : « Vous avez placé, ô Dieu, votre tabernacle dans le Soleil ! » Ailleurs encore : « Les cieux parlent de votre gloire et la racontent. »

» Mais en outre, depuis que Dieu a suscité, dans ces derniers siècles, un contemplateur de son œuvre, Képler, et créé dans l'esprit humain la science du ciel visible ; depuis que les formes et les lois de ce ciel ont été démontrées à l'homme, et que la science et la raison y ont découvert des beautés, des grandeurs que nos sens ne soupçonnaient pas ; depuis ce temps, comment ne voit-on pas que ce spectacle merveilleux doit s'emparer de l'esprit humain, et se mêler de plus en plus à sa poésie, à sa science, et à toutes ses contemplations ?

» Se peut-il que l'astronomie continue, comme on s'en plaint, « à s'isoler dans la mécanique et la géométrie, et à ne nous montrer que des pierres en mouvement, pendant que la science de l'âme, s'isolant à son tour dans une spiritualité abstraite, parle de l'étendue avec la même indifférence que si l'univers était vide (1). » N'est-il pas temps que la grande science du ciel visible se lie enfin à la science de Dieu, à celle de l'âme, à la science du ciel des idées ? Pour nous, depuis de longues années, nous le croyons, et souvent nous nous efforçons d'atteindre à quelques points utiles de cette science comparée. »

On le voit, la philosophie et le Spiritisme ne sont pas seuls à rechercher ce que peut dire à notre Esprit et à notre cœur le spectacle vivant des cieux.

---

(1) Jean Reynaud. *Ciel et Terre*.

« Ce qui me touche le plus dans ce spectacle, a dit Jean Reynaud dans *Terre et Ciel*, ce n'est pas l'éclat de ces masses puissantes, ni les prodigieuses distances qui les séparent l'une de l'autre, ni leur entassement, ni les durées incomparables de leurs révolutions, ni même la merveille de ces pâles nébuleuses, suspendues dans les déserts de l'abîme, et dont chaque poussière est un monde: c'est la présence des âmes que réunissent autour d'eux ces innombrables foyers. Je ne puis distinguer les populations, mais je vois les fanaux qui les rallient, et j'admire que les rayons que nous apercevons ici soient aussi les rayons qui éclairent tous ces frères célestes. Nous respirons tous ensemble dans la même lumière. Les scintillements des étoiles me sont comme une image des regards qui se croisent de toutes parts dans l'espace, et dont les plus clairvoyants descendent vraisemblablement jusqu'à nous, et nous observent. Grâce aux révélations de la nuit, nous sommes en mesure de comprendre au juste où nous sommes; l'immensité s'anime, et sous la figure des astres, nous découvrons l'auguste assemblée des créatures, assises en cercle sous nos yeux, sur les gradins infinis de l'amphithéâtre de l'univers. Comment n'être pas agité au fond de l'âme à l'idée de tant d'êtres inconnus et inimaginables qui nous environnent, partageant avec nous le même temps, le même espace, le même éther, et, sous la main du même souverain, se précipitant, à travers les tumultes variés de la vie, vers la même fin? Que d'organisations diverses! que de destinées! que d'alternatives de biens et de maux! que d'épreuves! que de passions en mouvement! que d'élans! que de désespoirs! que d'adorations et de prières! »

Nous aimons à citer ce magnifique passage où la prière la plus sublime du cœur se trouve mêlée à la plus haute vérité scientifique.

Nous avons cité précédemment l'opinion de la science astronomique sur la destination du Soleil, l'opinion des Esprits résumée par Allan Kardec, voyons maintenant celle du plus grand théologien de notre âge, l'abbé Gratry :

« Evidemment il y a, dit-il, au centre des mondes qui circulent, un monde central, immobile au milieu de ces mouvements, qui renferme, et bien au delà, toute la vie et toute la lumière des autres, pleinement et sans vicissitude, puisqu'il en est la source. Ce monde, nous le voyons, c'est le Soleil.

» Mais le Soleil est-il véritablement une demeure? N'est-il pas simplement un océan de feu? J'avoue qu'il ne m'est pas possible de ne voir dans le père du jour, dans le père de toute la nature, qu'une simple lampe, ou une lave qui bouillonne. La poésie, et surtout la parole prophétique, font une plus haute estime de ce centre des mondes. « Dieu, dit l'Ecriture sainte, Dieu a fait du Soleil son tabernacle. » Et l'un de nos grands théologiens commente ainsi ce texte prophétique : « Dieu, créateur de toutes choses, a mis son tabernacle dans le Soleil, la plus noble des créatures visibles. » Dieu, parmi toutes les choses corporelles, a choisi le Soleil comme un royal palais, et comme un sanctuaire divin, afin d'y habiter. Certes, Dieu remplit le ciel et la terre, ou plutôt ni le ciel, ni le ciel des cieux ne peuvent le contenir. Cependant on peut dire que Dieu habite surtout là où il fait éclater sa présence par ses plus graves merveilles. » Si le Soleil est la plus belle des créatures visibles, s'il peut être appelé demeure de Dieu, palais, sanctuaire, tabernacle de Dieu, il ne peut être, ce me semble, une simple masse de lave, objet affreux; il doit être plus beau que la terre, plus vivant et plus riche que toutes les demeures qui circulent au dehors de la source. La science d'ailleurs n'a aucune raison d'affirmer que cet astre ne soit pas un monde.

Qu'on se figure une terre qui porte l'auréole, comme on dit que la tête des Saints la porte dans le ciel ; qu'on se figure un globe mille et mille fois plus grand que notre terre et que toutes les planètes, éclairé, vivifié par sa propre atmosphère, et non plus par un point situé hors de lui ; une terre toute revêtue de gloire, dont chaque point de l'immense surface, au pôle, à l'équateur, et sous toute latitude, est, en tout sens et en tout temps, le centre de la voûte d'or, de la sphère lumineuse, du dôme vivant et vivifiant qui enveloppe chaque horizon ! »

On le comprend donc clairement : tout est d'accord, philosophie, science, théologie, missionnaires divins qui s'expriment dans les manifestations spirites. La chose valait la peine d'être constatée.

Continuons nos citations tirées de l'illustre théologien et philosophe.

« La demeure centrale, l'île de lumière autour de laquelle voguent les mondes, n'offre-t-elle pas, du moins, l'image d'un séjour éternel ? Et n'aperçoit-on pas, d'ailleurs, au ciel, des groupes d'astres qui semblent disposés aussi pour la vie pleine, ou du moins pour une vie moins partielle et moins passagère que la nôtre ? »

« Là, dit un religieux contemplateur de la nature, là, dans la ré-

» gion des étoiles doubles et des amas d'étoiles, nous voyons souvent » deux soleils, quelquefois trois et plus, associés comme des frè» res. Nous en voyons qui marchent ensemble par multitude, en » troupes serrées, aussi nombreuses que des armées. Au milieu » de ces chœurs d'étoiles, la lumière ne décline jamais. Dans ces » assemblées de soleils, le feu de mille et mille auréoles réunies, » entretient un jour éternel. Mais quels êtres peuvent habiter de » telles régions ! Ce sont probablement des êtres très-élevés, qui » n'ont plus besoin d'alternances entre la lumière et la nuit, ni de » vicissitude de froid et de chaud. Peut-être que dans ces régions, » avec la nuit et le sommeil, les images de la mort, la mort aussi » a disparu, ou du moins ce qui, pour nous, dans notre forme si » imparfaite, s'appelle la mort, n'est plus, pour ces organisations » supérieures, qu'un doux changement. Là, sans doute, la nature » vivante se transforme au lieu de mourir, comme dans nos » rêves nous passons doucement d'une forme à l'autre ; et ces » transformations d'un passé achevé en un jeune et brillant » avenir, au lieu de l'horreur et des larmes, n'apportent aux êtres » intelligents qu'un ravissement de joie à la vue des admirables et » continuelles nouveautés de la vie grandissante (1) ! » Il me semble que cette poésie est utile ! Et ne fût-elle qu'un rêve, ce rêve n'est-il pas bienfaisant ? »

Telles sont les propres paroles de l'abbé Gratry, citant un religieux qui avait eu l'intuition des vérités spirites. Ces demeures où la mort est douce, et ne s'appelle plus même du nom de mort, ces transformations d'une vie grandissante et progressive, ces incarnations sans cesse renouvelées et servant de passage à des existences supérieures et continuellement plus splendides, qu'est-ce autre chose que le plus élevé Spiritisme ?

Vous le dites vous-même, admirable théologien, si ce n'est qu'un rêve, c'est du moins un rêve bienfaisant. Mais quoi ! nos rêves de nous, pauvres et infimes atômes, sont infiniment dépassés par la sagesse éternelle de Dieu. Donc, tout ce que nous rêvons de beau, tout ce que nous balbutions ici-bas de la vérité suprême, tout ce que nous concevons de bien se retrouve, et à un degré infini, dans l'œuvre magnifique du créateur. Quelles sont les conclusions de notre auteur sur le soleil ?

« Ce que la science m'enseigne, c'est que si le soleil est une

(1) SCHUBERT, das Weltgebaude, 56.

demeure, c'est une demeure qui porte l'auréole, une terre qui vit dans l'intérieur de la lumière, non au dehors. Ce que m'enseigne la science, c'est que ce centre, relativement immobile, est un énorme monde, mille et mille fois plus grand que toutes les terres. Ce que me dit l'Écriture sainte, c'est que cet astre, père du jour, est le tabernacle de Dieu. Ce qu'elle me dit aussi, c'est que la mère du second Adam est appelée, dans la sainte Écriture, la femme revêtue du soleil et entourée des planètes voyageuses. Ce qu'elle me dit encore, c'est que cette divine mère est la Jérusalem céleste. et que la joie des âmes consiste à y habiter toutes. »

Le même religieux déjà cité, Schubert, dit quelque part, concernant le soleil:

« Après avoir bien contemplé notre système, il faut dire que, » sous tous les rapports, cette terre centrale est comme une mère » à l'égard des terres voyageuses qu'elle porte dans ses rayons..... » Comme une mère porte dans son sein une nouvelle créature » qu'elle prépare à la vie et au jour, l'échauffe de sa chaleur et » soutient par sa forte respiration et sa puissante circulation la » respiration imparfaite, la lente circulation de l'enfant engourdi, » de même, cette terre centrale, mère et dispensatrice du jour, le » soleil porte et nourrit les mondes naissants, et aussi notre petite » terre, avec le germe encore enveloppé d'une moisson qui doit » croître dans l'infini et dans l'éternité. »

Nous ne saurions mieux terminer ce travail de cosmologie et d'astronomie vivantes, écrit au triple point de vue de la philosophie, de la science et des révélations antiques et nouvelles, que par cette splendide conclusion de l'abbé Gratry :

« Mais, ô mon Dieu, que ces idées sont loin de la pensée des hommes ! Qui donc s'occupe de science, de morale et de religion ? Qui donnera quelque attention au peu que je m'efforce d'en balbutier? Oh ! quand saurons-nous méditer, et voir, ou croire ? Quand aurons-nous la foi dans la continuité de la vie que Dieu donne, dans l'inébranlable stabilité de son œuvre et dans son idéale beauté. Quand saura-t-on que tous les rêves sont moins beaux que les promesses de Dieu ! Quand saura-t-on lire ces promesses dans la raison et dans la foi ! Quand aura-t-on la force de croire, ou la puissance de voir, que le terme idéal des choses est et doit être, entre toutes les réalités, incomparable en certitude comme en grandeur ? Quand cessera-t-on de regarder la mort comme l'abîme des ténèbres et du néant ? Jusqu'à quand cet épouvantail suffira-t-il pour neutraliser dans les âmes l'espérance, la joie et l'enthousiasme de la vie ? Eh bien, regardons, une bonne fois, la mort en face. Essayons aujourd'hui de la comprendre et de voir qu'elle n'est point l'obstacle, mais le moyen ! Oui, le moyen de transcendance, le passage et la Pâques, qui mène de cette vie mobile et mêlée à l'incomparable beauté et à l'incomparable réalité ! »

Qu'ajouter à ces magnifiques paroles ? Il ne nous reste qu'à les approuver hautement et à les proposer aux méditations de tous.

TABLE ANALYTIQUE.

FIN DE LA TABLE.

LYON. — Imprimerie C. JAILLET, rue Mercière, 92.

www.ingramcontent.com/pod-product-compliance
Lightning Source LLC
LaVergne TN
LVHW050455160826
845677LV00003B/800

* 9 7 8 2 3 2 9 6 6 4 1 6 3 *